NOUVEAU TRAITÉ

D'ARITHMÉTIQUE.

NOUVEAU TRAITÉ

D'ARITHMÉTIQUE,

EXPLIQUÉ SI CLAIREMENT, QU'IL EST TRÈS-FACILE D'APPRENDRE A CALCULER SOI-MÊME EN TRÈS-PEU DE TEMPS, SANS AVOIR BESOIN D'UN MAITRE.

Par Barthelemy Bonthoux,

Professeur.

LYON,

IMPRIMERIE DE D.-L. AYNÉ, RUE DE L'ARCHEVÊCHÉ.

1829.

AVIS

AU LECTEUR.

Il a déjà paru plusieurs Traités d'Arithmétique ; mais je doute que l'on puisse porter un jugement aussi favorable de ceux qui ont été faits ; parce que la plupart ne contiennent pas des explications suffisantes et assez claires, notamment sur la partie des fractions ; et d'autres n'en font pas même mention.

Au reste celui-ci, comme ceux dont je viens de parler, doivent être appréciés suivant leur degré d'utilité ; mais j'ai lieu de croire que les jeunes gens ne peuvent puiser dans ces derniers que des connaissances superficielles, par le défaut d'explications dont ils sont dépourvus, s'ils ne sont très-avancés dans cette science : d'ailleurs, quels sont les résultats avantageux que cette foule de Traités ont présentés au public ? Je m'en rapporte à ce juge intègre !

On ne saurait trop simplifier les expressions dans un ouvrage de l'espèce; car il faut remarquer, que lorsqu'on parle à des jeunes gens qui commencent, il y a une mesure de connaissances à laquelle il faut se borner, parce qu'ils ne sont pas à même d'en recevoir davantage : le point le plus important, surtout, est de s'accommoder à leur faiblesse, en leur faisant connaître l'objet dont on leur parle d'une manière facile à distinguer.

L'Ouvrage que je traite est pour faciliter les jeunes gens à apprendre à calculer sans maître; or, pour exécuter ce plan, il faut connaître les enfans. Appliqué aux fonctions de l'instruction publique, j'ai été à portée de mesurer leurs forces en les observant de près ; c'est cette connaissance, que l'expérience seule peut donner, qui m'a déterminé à le composer.

Enfin, il est notoire que l'Arithmétique est utile dans toutes les classes de la société; qu'elle est journellement mise en usage par le négociant comme par l'artisan; qu'elle est, en un mot, la pierre de touche de toutes les opérations commerciales et administratives; conséquemment mon dessein, ou plutôt le but que je me suis proposé en présentant cet Ouvrage au Public, est de mettre à même les personnes qui ont oublié l'Arithmétique, comme celles qui n'ont reçu aucun principe de cette science, de l'apprendre elles-mêmes sans avoir besoin d'un maître.

Au surplus, l'expérience que j'ai faite de cet Ouvrage m'autorise à donner la certitude de ce que j'ai avancé ; d'ailleurs, c'est dans son exécution qu'on en trouvera la meilleure preuve par la pratique.

Je recommande surtout de ne point passer de la première règle à la deuxième, sans connaître parfaitement la première; ainsi des autres.

L'Arithmétique se divise en quatre règles principales ; savoir : Addition, Soustraction, Multiplication et Division.

L'Addition demande un total ; voyez page 9 et suivantes.

La Soustraction un reste ; voyez pages 20 et suivantes.

La Multiplication un produit; voyez page 24 et suivantes.

La Division un quotient ; voyez page 42 et suivantes.

TABLE DE NUMÉRATION.

Nombre	1
Dizaine	14
Centaine	114
Mille	1,222
Dizaine de milles	44,114
Centaine de milles	114,115
Million	1,114,115
Dizaine de millions	11,144,115
Centaine de millions	111,144,115
Milliard	1,111,144,115
Dizaine de milliards	11,111,144,115
Centaine de milliards	111,111,144,115

NOUVEAU TRAITÉ
D'ARITHMÉTIQUE.

ADDITION, PREMIÈRE RÈGLE.

L'ADDITION, qui veut dire ajouter, consiste à réunir plusieurs sommes en une seule qui s'appelle total de l'addition.

Exemple.

	423 fr.
	134
	274
Total . .	831 fr.

OBSERVATION.

Les personnes qui désireront apprendre à calculer, se procureront du papier sur lequel elles s'exerceront en y posant d'abord la première règle. Je les engage ensuite à lire avec la plus grande attention l'explication mise au bas de chaque règle, et lorsqu'elles la comprendront parfaitement, elles commenceront à calculer; mais il ne faudra point passer de la première règle à la deuxième, sans connaître la première: ainsi des autres.

Pour opérer en cette règle ; c'est-à-dire pour réunir ces trois sommes en une seule, il faut commencer par la première colonne, et dire 3 et 4 font 7, 7 et 4 font 11 ; il faut, à chaque fin de colonne, retenir ce qu'il y a de dizaines, et poser sous le dernier chiffre de cette colonne ce qui reste au-dessus de ces dizaines. Dans cet exemple, vous avez trouvé que tous les chiffres de la première colonne font ensemble 11 ; il n'y a qu'une dizaine qu'il faut retenir et poser sous cette colonne le 1 qui vous reste de surplus. Il faut ensuite passer à la seconde colonne, et la dizaine que vous retenez, ne se compte plus que pour 1 ; il faut donc dire 1 et 2 font 3, et 3 font 6, 6 et 7 font 13. Vous avez trouvé que tous les chiffres de la deuxième colonne font ensemble 13 ; il n'y a qu'une dizaine qu'il faut retenir, et poser sous cette colonne le 3 qui vous reste de surplus ; il faut ensuite passer à la troisième colonne, et dire 1 et 4 font 5, 5 et 1 font 6, 6 et 2 font 8 qu'il faut poser sous cette colonne comme le démontre la règle ci-dessus.

AUTRE ADDITION DE FRANCS ET CENTIMES.

Exemple.

	78 fr.	88 c.
	34	75
	81	44
Total . .	195 fr.	07 c.

Pour faire cette règle, il faut d'abord additionner tous les chiffres de la première colonne des centimes; cette addition faite, vous en retiendrez les dizaines comme dans la règle précédente, et poserez le surplus sous cette même colonne.

Vous commencez ainsi, 8 et 5 font 13, 13 et 4 font 17; il faut poser 7, et retenir une dizaine qu'il faut joindre à la seconde colonne des centimes et dire, 1 et 8 font 9, 9 et 7 font 16, 16 et 4 font 20; il faut poser zéro et retenir les deux dizaines qu'il faut joindre à la première colonne des francs, et dire 2 et 8 font 10, 10 et 4 font 14, 14 et 1 font 15; il faut poser 5 et retenir une dizaine que l'on joint à la colonne suivante en disant 1 et 7 font 8, 8 et 3 font 11, 11 et 8 font 19; il faut poser 9 et avancer 1 pour la dizaine que vous avez retenue sur cette colonne, attendu qu'il n'en reste plus à additionner.

AUTRE ADDITION DE FRANCS ET CENTIMES, PROUVÉE PAR LA SOUSTRACTION.

Exemple.

	784 fr.	74 c.
	104	17
	184	28
1er Total . .	1073 fr.	19 c.
2e Total . .	288	45
Preuve .	784	74

L'addition se prouve par la soustraction, et celle-ci se prouve par l'addition.

Pour faire cette régle il faut commencer par additionner tous les chiffres de la première colonne des centimes, en disant 4 et 7 font 11, 11 et 8 font 19; il faut poser 9 sous cette colonne, et retenir 1 pour la dizaine qui se trouve dans le nombre 19; ainsi vous reportez 1 à la deuxième colonne des centimes, et dites 1 et 7 font 8, 8 et 1 font 9, 9 et 2 font 11; il faut poser 1 sous cette colonne, et retenir une dizaine qu'il faut joindre à la première colonne des francs, et dire 1 et 4 font 5, 5 et 4 font 9, 9 et 4 font 13; il faut poser 3 et retenir une dizaine qu'il faut joindre à la deuxième colonne des francs;

ainsi vous dites 1 et 8 font 9, 9 et zéro ne compte pas; vous descendez au chiffre suivant qui est un 8, et dites 9 et 8 font 17, vous posez 7 et retenez une dizaine qu'il faut joindre à la troisième ou dernière colonne des francs, et dites 1 et 7 font 8, 8 et 1 font 9, 9 et 1 font 10; il faut poser zéro et retenir une dizaine que vous avancez, n'y ayant plus de colonne à additionner.

Pour la preuve de cette règle, il faut retrancher, par un trait, la première colonne qui figure à la tête de ladite règle; on additionne ensuite les deux autres sommes pour former le deuxième total, dans lequel la première somme ne doit jamais être comprise; il faut donc additionner 104 fr. 17 c. avec 184 fr. 28 c., en commençant toujours par les centimes; vous dites donc 7 et 8 font 15; il faut poser 5 et retenir une dizaine pour la joindre à la deuxième colonne des centimes; ainsi dites 1 et 1 font 2, 2 et 2 font 4 que vous posez sous cette colonne; vous passez ensuite à la première colonne des francs, et dites 4 et 4 font 8 que vous posez sous cette colonne; vous passez à la deuxième colonne des francs, et dites zéro et 8 c'est 8 que vous posez sous ladite colonne; et passant à la troisième ou dernière colonne des francs, vous dites 1 et 1 font 2 que vous posez sous cette même colonne.

Dans cette règle, vous voyez que le premier total est de de 1,073 fr. 19 c., que le deuxième total est de 288 fr. 45 c.; il faut maintenant ôter ou soustraire le deuxième total du premier, et la somme restante doit égaler celle qui a été retranchée, pour que la règle soit juste.

Il faut commencer par soustraire les centimes, et dire qui de 9 ôte 5 reste 4, qu'il faut poser sous la colonne que vous venez de soustraire ; vous passez à la deuxième colonne des centimes, et dites qui de 1 ôte 4 ne peut, car on ne peut ôter 4 de 1; il faut emprunter sur 3, qui est dans la première colonne des francs, 1 franc qui vaut cent centimes, soit dix dizaines. Comme vous soustraisez des dizaines, comptez par dizaines et dites: 10 et 1 font onze, qui de 11 ôte 4 reste 7 que vous posez à la suite de 4, soit dans les dizaines. Vous passez ensuite à la soustraction des francs, (on fait ordinairement un point sur la figure où l'on emprunte pour marquer qu'elle vaut 1 de moins;) ainsi vous avez emprunté 1 sur 3, il ne vaut plus que 2; il faut donc dire qui de 2 ôte 8 ne peut; vous empruntez sur 7, un qui vaut dix, 10 et 2 font 12, qui de 12 ôte 8 reste 4 que vous posez sous cette colonne: vous passez à la deuxième colonne des francs qui commence par le chiffre 7, sur lequel vous avez emprunté 1; il vaut donc 1 de moins; or, dites qui de 6 ôte 8 ne peut, il faut emprunter sur 1, (ne pouvant emprunter sur zéro) un qui vaut dix dizaines, vous en laissez 9 sur le zéro, et en réservez une qui vaut dix; conséquemment dites 10 et 6 font 16, qui de 16 ôte 8 reste 8 que vous posez sous la colonne que vous venez de soustraire. Vous passez à la troisième colonne des francs, qui commence par zéro; lorsque vous empruntez au delà d'un zéro, ce zéro vaut toujours 9; il faut donc dire : qui de 9 ôte 2 reste 7 que vous posez sous cette colonne. Vous passez à la quatrième colonne des francs qui commence par 1, sur lequel vous avez emprunté 1, ce qui réduit ce chiffre à zéro; c'est là que se termine la soustraction.

Par cet exemple, vous voyez qu'en ôtant le deuxième total du premier, il reste 784 fr. 74 c., somme égale à celle retranchée, et qui figure à la tête de la règle; preuve que ladite règle est juste.

Cet apperçu étant suffisant pour démontrer comment se prouve l'addition, je ne répéterai pas la preuve de cette règle, qui se comprendra beaucoup mieux quand on connaîtra la soustraction.

ADDITION D'AUNES AVEC FRACTIONS.

Exemple.

	1	aune	1/4
	2		1/2
	3		3/4 +
	4		1/2 +
TOTAL.	12 aunes.		

La fraction se compose de deux nombres; le premier s'appelle numérateur, il indique combien on a de parties d'une aune; le deuxième s'appelle dénominateur, il exprime en combien de parties l'aune est partagée; par exemple dans cette fraction :

Numérateur 3/4 Dénominateur.

Vous voyez par le dénominateur que l'entier, soit l'aune, est partagé en 4 parties, et par le numérateur que vous avez 3 de ces parties.

Pour opérer en cette règle, il faut commencer par additionner les fractions, et dire, 1/4 et 1/2 aune valent 3/4, 3/4 et 3/4 font 6/4, ce qui fait 1 aune et demie, puisque 4/4 font 1 aune; je la marque par une croix +, et je retiens 2/4 qu'il y a de surplus : on continue l'addition en disant 2/4 et 1/2 aune font encore 1 aune, que je marque de même par une croix +; en conséquence, la colonne des fractions ayant produit 2 aunes comme le démontrent les deux croix, il faut les ajouter en passant à l'addition des aunes et dire 2 et 1 font 3, 3 et 2 font 5, 5 et 3 font 8, 8 et 4 font 12; je pose 2 et je retiens 1 que j'avance, puisqu'il ne reste plus de colonne à additionner.

AUTRE ADDITION.

Exemple.

1	aune	3/4
2		1/4 +
1		3/4
2		1/4 +
1		3/4
TOTAL.	9 aunes	3/4

Il faut observer que dans l'addition des fractions qui ont un dénominateur commun, c'est-à-dire un même dénominateur, ce dernier reste invariable; car on ne fait addition que des numérateurs, en retenant 1 toutes les fois que l'addition vous donne un nombre égal au dénominateur commun desdites fractions, et vous posez le surplus sous les numérateurs, en ayant attention de reporter à la colonne des aunes ce que vous avez retenu, et qui est indiqué par chaque croix. Vous descendez ensuite à côté de ce surplus, qui forme le numérateur de la fraction restante, le dénominateur commun, qui devient le dénominateur de ladite fraction.

Dans cet exemple, vous voyez que le dénominateur commun est 4; faites addition des numérateurs, et dites 3 et 1 valent 4, nombre égal au dénominateur commun, ce qui fait un entier, soit 1 aune que vous marquez par une croix, pour en faire la retenue. Continuez l'addition et dites 3 et 1 valent encore 4, ce qui fait 1 aune que vous marquez de même par une croix. Descendez à la dernière fraction qui a pour numérateur 3 que vous posez sous les numérateurs desdites fractions, descendez le dénominateur commun à côté de 3, ce qui vous donne 3/4 pour fraction restante. Voyez ensuite le nombre de croix que vous avez, pour retenir autant de fois 1 ; il y en a deux ; par conséquent il faut reporter 2 par addition à la colonne des aunes ; ainsi dites 2 de retenus et 1 valent 3, 3 et 2 valent 5, 5 et 1 valent 6, 6 et 2 valent 8, 8 et 1 valent 9 que vous posez sous la colonne des aunes ; cette règle a donc pour résultat un total de 9 aunes 3/4.

AUTRE ADDITION.

Exemple.

			24 nombre supposé.
2 aunes	1/4	. . .	6
1	1/3	. . .	8
2	3/6	. .	12 +
3	2/8	. . .	6
9 aunes		. . . . .	8/24mes.

Dans cette règle, les fractions ne pouvant s'additionner à l'œil comme celles de la règle précédente, il faut supposer un nombre sur lequel ces fractions puissent toutes se prendre sans reste.

Vous voyez dans cet exemple, que le nombre supposé est 24; ainsi vous commencez par la première fraction qui est 1/4, et dites le quart de 24 est de 6 sans reste, puisque 4 fois 6 font 24, posez donc 6 sur la même ligne du quart; descendez à la fraction suivante, qui est un tiers, et dites le tiers de 24 est de 8 sans reste, posez 8 sur la ligne du tiers; descendez à la fraction suivante qui est trois sixièmes, et dites le sixieme de 24 est de 4, les trois sixièmes sont donc de 12, posez 12 sur la ligne de 3/6; descendez à la fraction suivante qui est de 2/8 et dites le huitième de 24 est de 3, les deux huitièmes sont donc de 6 que vous posez sur la ligne de 2/8.

Maintenant il faut additionner les divers produits de ces fractions et retenir 1 aune chaque fois qu'il y aura 24 (nombre supposé) dans ladite addition, ce qu'il faudra indiquer par une croix. Le nombre supposé ne doit jamais se comprendre dans l'addition, ainsi vous dites 6 et 8 valent 14, 14 et 12 valent 26. Dans ce nombre il y a une fois 24 qui font 1 aune que vous marquez par une croix; il reste 2 qu'il faut retenir et dire 2 et 6 valent 8 que vous posez sous la colonne des fractions. Ce chiffre 8 forme le numérateur de la fraction qui reste en sus de 1 aune, et le nombre 24, supposé, forme le dénominateur de ladite fraction qui est de

8/24mes; de sorte que les fractions ont produit 1 aune 8/24mes d'aune. Vous passez à la colonne des aunes en retenant 1 aune comme l'indique la croix, et dites 1 et 2 valent 3, 3 et 1 valent 4, 4 et 2 valent 6, 6 et 3 valent 9 que vous posez sous ladite colonne; en conséquence cette règle a pour total 9 aunes 8/24mes d'aune.

SOUSTRACTION PROUVÉE PAR L'ADDITION.

Elle consiste à mesurer deux grandeurs, ou à comparer deux sommes pour en connaître la différence. Cette différence en arithmétique s'appelle reste.

Exemple.

On doit . . .	884	fr.
On paye . . .	693	
Il reste . . .	191	fr.
Preuve . . .	884	fr.

La soustraction se fait en commençant par le premier chiffre de la somme due qui est 4; ainsi dites qui de 4 ôte 3 reste 1 qu'il faut poser sous cette colonne; vous passez au chiffre de la deuxième colonne qui est 8 et dites qui de 8 ôte 9 ne peut, car on ne peut ôter 9 de 8; il faut emprunter sur le chiffre de la troisième colonne, qui est aussi un 8, un qui vaut dix, 10 et 8 font 18, qui de 18 ôte 9 reste 9, que vous posez sous la colonne que vous venez de soustraire. On fait ordinairement un point sur le chiffre où l'on emprunte, pour marquer qu'il vaut 1 de moins; conséquemment le chiffre 8 sur lequel vous avez emprunté 1, ne vaut plus que 7; vous devez donc dire qui de 7 ôte 6 reste 1, que vous posez sous la colonne que vous venez de soustraire.

Par cet exemple, vous voyez qu'il est dû 884 fr., sur lesquels on en paye 693, et qu'il reste à payer 191 francs.

La preuve de cette règle se fait en additionnant la somme payée qui est de 693 fr., avec celle qui reste à payer qui est de 191 fr. Il faut que le total de l'addition de ces deux sommes, égale la somme due qui figure à la tête de ladite règle, pour prouver qu'elle est juste, comme le démontre l'exemple ci dessus.

AUTRE SOUSTRACTION.

Exemple.

On doit . . .	784 fr.	18 c.
On paye . . .	692	98
Il reste . . .	091 fr.	20 c.
Preuve . . .	784 fr.	18 c.

Pour faire cette règle, il faut commencer par soustraire la première colonne des centimes, et dire qui de 8 ôte 8 reste rien, vous posez zéro sous la colonne des unités des centimes; vous passez à celle des dizaines, et dites, qui de 1 ôte 9 ne peut, car on ne peut ôter 9 de 1; il faut emprunter sur le chiffre 4, première colonne des francs, 1 franc qui vaut 100 centimes ou dix dizaines. Comme vous soustraisez des dizaines, comptez par dizaines, et dites, 10 et 1 font 11, qui de 11 ôte 9 reste 2, qu'il faut poser dans les dizaines des centimes. Vous passez ensuite à la première colonne des francs, et le 4 sur lequel vous avez emprunté 1, ne vaut plus que 3; ainsi dites qui de 3 ôte 2 reste 1 que vous posez sous cette colonne. Vous passez à la deuxième colonne des francs, et dites, qui de 8 ôte 9 ne peut, parce qu'on ne peut ôter 9 de 8; il faut donc emprunter sur le chiffre de la troisième colonne des francs, qui est un 7, 1 qui vaut 10, et dire 10 et 8 font 18, qui de 18 ôte 9 reste 9, qu'il faut poser sous cette colonne. Vous passez à la troisième colonne des francs, et le 7 sur lequel vous avez emprunté 1, ne vaut plus que 6, dites qui de 6 ôte 6 reste rien, vous posez zéro sous cette colonne.

Je l'ai dit dans la règle précédente : « la preuve » de la soustraction se fait en additionnant la » somme payée avec celle qui reste à payer. Il » faut que le total de l'addition de ces deux som- » mes égale la somme due qui figure à la tête » de ladite règle, pour prouver qu'elle est » juste. »

Voyez en l'exemple ci-dessus.

Pour multiplier, il est urgent de connaître parfaitement son livret ; conséquemment, je vais le placer ici, en engageant les jeunes gens à l'apprendre par cœur ; car, sans le secours du livret, il est impossible de calculer avec justesse.

2	fois	2	4
2		3	6
2		4	8
2		5	10
2		6	12
2		7	14
2		8	16
2		9	18
2		10	20
2		11	22
2		12	24
3	fois	3	9
3		4	12
3		5	15
3		6	18
3		7	21
3		8	24
3		9	27
3		10	30
3		11	33
3		12	36
4	fois	4	16
4		5	20
4		6	24
4		7	2
4		8	32
4		9	36
4		10	40
4		11	44
4		12	48
5	fois	5	25
5		6	30
5		7	35
5		8	40
5		9	45
5	fois	10	50
5		11	55
5		12	60
6	fois	6	36
6		7	42
6		8	48
6		9	54
6		10	60
6		11	66
6		12	72
7	fois	7	49
7		8	56
7		9	63
7		10	70
7		11	77
7		12	84
8	fois	8	64
8		9	72
8		10	80
8		11	88
8		12	96
9	fois	9	81
9		10	90
9		11	99
9		12	108
10	fois	10	100
10		11	110
10		12	120
11	fois	11	121
11		12	132
12	fois	12	144

MULTIPLICATION, TROISIÈME RÈGLE.

Cette règle renferme trois termes, dont deux sont connus, et le troisième inconnu que l'on cherche; l'un des deux connus s'appelle multiplicande ou somme à multiplier, l'autre multiplicateur, et le troisième, qui résulte des deux premiers, produit.

Exemple N° I.

Multiplicande . .	137 aunes.
Multiplicateur. à	24 fr. l'aune.
	548
	274
Produit . .	3288 fr.

Pour faire cette règle, il faut multiplier le nombre des aunes par le prix de chaque aune, et retenir 1 par dizaine, comme je l'ai expliqué pour l'addition. Dans la multiplication, c'est le plus petit nombre qui doit multiplier contre le plus grand, pour donner moins d'extension à la règle; c'est-à-dire 24 contre 137, en commençant par le chiffre 4 qui doit multiplier contre 137, et ensuite passer au chiffre 2 qui doit aussi multiplier contre 137; en opérant ainsi, votre règle ne contiendra que deux lignes. Si au contraire vous multipliez le plus grand nombre contre le plus petit, elle en contiendra trois, par la raison qu'il y a trois figures dans le multiplicande, et que le multiplicateur n'en contient que deux.

Voyez en la preuve ci-après :

Exemple N° 2.

Multiplicande . . 137 aunes.
Multiplicateur . à 24 fr. l'aune.

 168
 72
 24

Produit . . 3288 fr.

Cet exemple étant suffisant pour démontrer qu'en opérant ainsi la multiplication est beaucoup plus longue, je ne le répéterai pas dans le cours de cet ouvrage.

Pour opérer en la règle ci-contre, exemple N° 1, il faut commencer la multiplication par le chiffre 4, et dire 4 fois 7 font 28; il faut poser 8 sous le chiffre 4 qui multiplie, et retenir 2 pour les deux dizaines qu'il y a dans le nombre 28; vous continuez la multiplication, et dites 3 fois 4 font 12 et 2 de retenus font 14; vous posez 4 à la suite de 8 et retenez 1; vous dites ensuite 1 fois 4 et 1 de retenu font 5 que vous posez à la suite de 4. Maintenant que le chiffre 4 a multiplié, il faut passer au chiffre 2, et dire

2 fois 7 font 14; vous posez 4 sous le chiffre 2 qui multiplie en formant une seconde ligne qui se pose sous la première, en reculant d'une figure de droite à gauche; vous continuez à multiplier, et dites 2 fois 3 font 6 et 1 de retenu sur 14 font 7 que vous posez à la suite de 4; vous dites ensuite 1 fois 2 c'est 2 que vous posez après 7.

Addition faite, cette règle donne un produit de 2,288 fr., montant de 137 aunes à 24 fr. l'aune.

La multiplication se prouve en prenant la moitié du multiplicande et doublant le multiplicateur. Elle se prouve de même en prenant la moitié du multiplicateur et doublant le multiplicande.

Dans la règle dont je viens de parler, le multiplicande se compose de 137 aunes, il faut en prendre la moitié pour former le multiplicande de la preuve de ladite règle; ainsi dites, en commençant par la gauche, la moitié de 13 est de 6 et demi; vous posez 6 comme le démontre la preuve ci-après, et la demie restante vaut dix; vous dites 10 et 7 valent 17, la moitié de 17 est de 8 et demi; posez 8 à la suite de 6 et la demie aune restante après 8, ce qui donne pour multiplicande de la preuve ci-après 68 aunes 1/2.

Il reste à doubler le multiplicateur de la même règle, exemple N° 1, ce qui se fait en commençant par la droite; ce multiplicateur est de 24; dites le double de 4 est de 8 et le double de 2 est de 4, ce qui donne pour multiplicateur de la preuve ci-après, 48 que vous posez sous le multiplicande.

Il est plus facile de doubler le multiplicateur en le posant deux fois sur du papier, et en faire l'addition; par exemple, j'ai pour multiplicateur 24, je pose deux fois ce nombre comme ci-après,

	24
	24
Total . . .	48

Et je vois que le total de cette addition est de 48, nombre égal au multiplicateur de la preuve ci-dessous.

PREUVE DE LA RÈGLE PAGE 24.

Exemple.

	Numérateur 1/2 dénominateur.
Multiplicande	68 aunes.
Multiplicateur. . . . à	48 fr. l'aune.
	544
	272
Pour la 1/2 la moitié de 48 f. . .	24
Produit . . .	3288 fr.

Pour faire cette règle, il faut suivre les explications données pour la règle précédente; c'est-à-dire commencer à multiplier 8, première figure du multiplicateur, contre 68, multiplicande, et passer ensuite à 4 qu'il faut de même multiplier contre le multiplicande; ainsi vous dites 8 fois 8 font 64, vous posez 4 sous le chiffre 8 et retenez 6 pour les 6 dizaines qu'il y a dans le nombre 64. Vous continuez à multiplier et dites 6 fois 8 font 48, et 6 de retenus font 54; vous posez 4 et retenez 5 que vous avancez, comme il est démontré ci-dessus; attendu qu'il ne reste plus de figure à multiplier avec le chiffre 8. Vous passez au chiffre 4, et dites 4 fois 8 font 32; il faut poser 2 sous le chiffre qui multiplie en formant une seconde ligne; c'est-à-dire que cette seconde ligne doit se placer, figure par figure, sous celles de la première ligne, en observant de reculer d'une figure de droite à gauche, sur la première ligne, au fur et à mesure que vous placerez une nouvelle ligne.

J'ai dit plus haut qu'il fallait poser 2 à 32 et retenir 3; on continue la multiplication en disant 4 fois 6 font 24, et 3 de retenus font 27; il faut poser 7 à la suite de 2 et retenir 2 qu'il faut avancer, n'y ayant plus de figure à multiplier. Pour la 1/2 on prend la moitié de 48 qui est de 24.

Addition faite de ces divers produits, elle vous donne 3,288 fr., somme égale à la règle page 24, preuve que ladite règle est juste.

Lorsque vous aurez à prendre le produit d'une fraction, voyez les explications contenues page 81 et suivantes, et les lisez avec la plus grande attention.

AUTRE MULTIPLICATION.

Exemple.

Multiplicande . . 4 22 aunes.
Multiplicateur . à $3^{f}22$ c. l'aune.

8 44
84 4
1266

Produit . . $1358^{f}84$ c.

La multiplication par francs et centimes s'opère de la même manière que celle par francs, avec cette différence seulement, que lorsqu'on multiplie par francs et centimes, ou par centimes, il faut retrancher dans l'addition deux figures à droite pour distinguer les francs des centimes; de sorte que les francs se trouvent dans les figures retranchées à gauche, et les centimes dans celles retranchées à droite; en conséquence, en suivant les explications données dans les règles précédentes pour multiplier, vous voyez que 422 aunes, à 3 fr. 22 c. l'aune, donnent un produit de 1358 fr. 84 c.

Dans la multiplication par francs et centimes, il faut toujours joindre les centimes aux francs comme le démontre cet exemple, en les séparant par une virgule pour mémoire seulement.

L'exemple donné page 24 et suivantes, doit être suffisant pour apprendre à prouver la multiplication; je crois donc inutile d'en faire la répétition dans le cours de ce traité.

AUTRE MULTIPLICATION.

Exemple.

Multiplicande . . 12 32 aunes.
Multiplicateur . à 2f02 c. l'aune.

24 64
2464 0

Produit . . 2488f64 c.

Pour faire cette règle, il faut commencer la multiplication par la dernière figure des centimes du multiplicateur qui est un 2, et dire 2 fois 2 valent 4, que vous posez sous la figure 2 qui multiplie; continuez et dites 2 fois 3 valent 6 que vous posez après 4, 2 fois 2 valent 4 que vous posez après le 6, et 1 fois 2 c'est 2, que vous posez après le 4. La première ligne étant placée, il faut former la deuxième, en reculant d'une figure sur la première ligne; ainsi la dernière figure du multiplicateur ayant parlé, il faut passer au zéro, et vous posez zéro en deuxième ligne qu'il représente. Vous passez ensuite à la figure suivante, qui est un 2; continuez à multiplier, et dites 2 fois 2 valent 4 que vous posez après zéro pour éviter de former une troisième ligne, 2 fois 3 valent 6 que vous posez après le 4, 2 fois 2 valent 4 que vous posez après le 6, et une fois 2 c'est 2, que vous posez après le 4. Vous faites l'addition des produits de cette règle qui vous donne 2,488 fr. 64 c., montant de 1232 aunes à 2 fr. 2 c. l'aune.

Il est très-utile d'observer que toutes les fois que le multiplicateur se compose de francs et centimes, et que le nombre des centimes ne s'élève pas au-dessus de 9, c'est-à-dire qu'il n'arrive pas au moins à 10, il faut ajouter un zéro entre les francs et les centimes; car autrement il en résulterait une erreur matérielle dont le lecteur sentira la conséquence s'il connaît la multiplication.

En effet, n'est-il pas évident et palpable que si vous multipliez 1232, soit par 22 fr., soit par 22 c., les résultats ne sauraient être les mêmes que par 202; or, il faut donc avoir l'attention d'ajouter un zéro entre les francs et les centimes, lorsque le nombre de ces derniers n'arrivera pas au moins à 10.

AUTRE MULTIPLICATION.

Exemple.

Numérateur 1/8 dénominateur.
Multiplicande. . . . 222 aunes.
Multiplicateur . . à 48 fr. l'aune.

1 776
8 88
Pour 1/8 prenez le 8e de 48. . . . 6

Produit . . 10,662 fr.

Pour faire cette règle, il faut multiplier 222 par 48, en suivant ce qui est prescrit pour les règles précédentes; et pour la fraction qui est 1/8, on prend le huitième du multiplicateur qui est de 6, que vous posez en troisième ligne sous le nombre dans lequel est contenu 6 fois le huitième; faites ensuite l'addition qui vous donne pour produit 10,662 fr., montant de 222 aunes 1/8 à 48 fr. l'aune.

Pour faciliter à faire la preuve d'une multiplication qui contiendrait des fractions dans le multiplicande ou dans le multiplicateur, je vais donner quelques explications à ce sujet, soit pour prendre la moitié d'une fraction, soit pour la doubler.

Supposons un instant que vous ayez à prendre la moitié de 1/8

Vous ne faites que doubler le dénominateur 8, ce qui donne 16; le numérateur ne varie jamais; en conséquence la moitié de 1/8 est de. 1/16

Si vous désirez doubler cette même fraction de. . . . . 1/8 il faut opérer en sens contraire; c'est-à-dire doubler le numérateur 1, ce qui donne 2; le dénominateur ne varie point; par conséquent le double de 1/8 est de 2/8

On peut encore doubler une fraction par l'addition.

Supposons avoir pour fraction 3/4; pour la doubler, il n'y a qu'à poser deux fois cette fraction et additionner les deux numérateurs; le dénominateur reste invariable.

Exemple.

Numérateur 3/4 dénominateur.
Numérateur 3/4 dénominateur.

Ce qui donne . Numérateur 6/4 dénominateur.
Soit 1 entier 2/4 qui forment le double de 3/4.

Toutes les fois que le numérateur d'une fraction est plus grand que son dénominateur, il indique que la fraction contient plus d'un entier; par conséquent, il faut la diviser en soustraisant ou ôtant le dénominateur du numérateur ; par exemple, pour cette fraction 6/4, dites qui de 6 ôte 4 reste 2 qui forment le numérateur de la fraction provenant de cette division; le dénominateur 4 reste toujours invariable.

Après avoir opéré cette division, vous voyez que 6/4 donnent un entier 2/4, puisque 4/4 (qui ont été soustraits de six quarts) font 1 aune.

Enfin, si vous doublez une fraction qui produise un entier, il faudra l'ajouter à ceux du terme dont elle fera partie, et poser sur la même ligne de ce terme les parties restantes (s'il y en a) en sus de l'entier.

Exemple.

Vous avez à doubler . .	44 3/4
	44 3/4
	89 2/4

Vous posez deux fois 44 3/4 et en faites l'addition, en disant 3/4 et 3/4 valent 6/4; au lieu de les poser vous dites dans six quarts il y a un entier et 2/4, puisque 4 quarts font un entier; vous posez 2/4 et retenez un entier que vous ajoutez aux autres, en disant 1 et 4 font 5, 5 et 4 font 9 ; vous passez à la colonne suivante (après avoir posez 9) et dites 4 et 4 valent 8 que vous posez après le 9. Conséquemment, vous voyez par cet exemple que le double de 44 3/4 est de 89 2/4.

Au surplus, pour prendre le produit d'une fraction, voyez les explications données page 81 et suivantes.

RÈGLE D'INTÉRÊT.

On demande combien 444 fr., au 5 pour cent par an, produiront d'intérêt pour une année.

Réponse. 22 fr. 20 c.

Exemple

Multiplicande . . 444 fr.
Multiplicateur au 5 pour cent.

Produit . . 22f 20 c.

Pour faire cette règle, il faut multiplier 444 par 5, ce qui donne 2220 pour produit, sur lequel vous retranchez deux figures à droite pour distinguer les francs des centimes; de sorte que les francs se trouvent dans les figures retranchées à gauche, et les centimes dans celles retranchées a droite.

Ainsi vous voyez que 444 fr., au 5 pour cent par an, donnent 22 fr. 20 c. d'intérêt pour une année, soit 12 mois.

Dans la règle d'intérêt, c'est ce produit, représentant l'intérêt d'une année, qui sert de base pour trouver l'intérêt que l'on cherche.

Lorsque la somme en intérêt, ou le taux de l'intérêt, se composera de francs et centimes, il faudra retrancher quatre figures à droite. Dans ce cas les francs se trouveront dans les figures retranchées à gauche, et les centimes dans les deux premières figures qui seront placées après les francs, les deux dernières n'étant que des fractions de centime qui se négligent ordinairement à cause de leur modicité ou peu de valeur.

Au reste la règle suivante vous offre un exemple suffisant de ce que j'ai dit dans les deux paragraphes précédens, et me dispense de m'étendre davantage sur ce sujet; d'ailleurs, les explications relatives à la règle d'intérêt, et que vous pouvez lire page 93, vous seront très-utiles pour opérer dans chaque règle de l'espèce.

AUTRE RÈGLE D'INTÉRÊT.

On demande combien 954 fr. 44 c., au 4 pour cent par an, produiront d'intérêt pour 6 mois.

Réponse : 19 fr. 08 c. 88/100, soit 22/25 de centime.

Exemple.

Multiplicande . .	954f 44c
Multiplicateur au	4 pour cent.
Produit de 12 mois	38f 17c 76
Produit de 6 mois .	19f 08c 88

Pour opérer en cette règle, il faut multiplier 954 fr. 44 c. par 4, taux de l'intérêt, ce qui donne pour 12 mois un produit de 38 fr. 17 c. 76/100, soit 19/25 de centime ; conséquemment pour six mois il faut prendre la moitié du produit de 12 mois, ce qui donne 19 fr. 08 c. 88/100, soit 22/25 de centime.

Ces fractions de centime se négligent ordinairement entre négocians et autres particuliers ; mais il n'en est pas de même en matière de comptabilité concernant les deniers publics ; car ces fractions indiquent aux comptables que, loin de les négliger, ils doivent percevoir le fort centime ; par exemple, dans la règle ci-dessus, l'intérêt pour 6 mois est de 19 fr. 08 c. 88/100, soit 22/25 de centime. Eh bien! au lieu de percevoir 19 fr. 08 c., le comptable percevrait 19 fr. 09 c.; par conséquent il aurait pris le fort centime pour remplacer la fraction de centime qui lui serait réellement due; autrement il se trouverait en débet en la négligeant.

Au surplus, vous voyez par cet exemple que c'est le produit de l'intérêt de douze mois qui sert de base pour trouver l'intérêt que l'on cherche, et qu'il faut retrancher quatre figures à droite, comme je l'ai expliqué au bas de la règle précédente, lorsque le multiplicande ou le taux de l'intérêt se compose de francs et centimes.

Enfin consultez, pour chaque règle de l'espèce, les explications développées pages 93 et 94.

RÈGLE DE CENT.

On l'appelle ainsi, parce que c'est toujours sur 100 livres, soit un quintal, que se fixe le prix qui sert de base pour trouver le montant d'une plus grande quantité de livres ou de quintaux.

On demande combien coûteront 9 quintaux 50 livres à 5 fr. le quintal ?

Réponse : 47 fr. 50 c.

Exemple.

Multiplicande . .	9q50 livres.	
Multiplicateur . à	5 fr. le quintal.	
Produit	47f 50 c.	

Pour opérer en cette règle, il faut multiplier 950 livres par 5, ce qui donne un produit de 47 fr. 50 c., montant de 950 livres à 5 fr. le quintal.

Dans cette règle, il faut toujours joindre les livres aux quintaux, comme le démontre cet exemple, pour former le multiplicande ; et s'il n'y a que des quintaux, vous les réduisez en livres en y ajoutant 2 zéros.

Lorsque le multiplicateur, soit le prix de la

marchandise, se composera de francs seulement, vous ne retrancherez que deux figures à droite dans le produit de la multiplication ; alors les francs se trouveront dans les figures retranchées à gauche, et les centimes dans celles retranchées à droite.

Si au contraire le multiplicateur se compose de francs et centimes, vous retrancherez quatre figures à droite dans le produit de la multiplication. Dans ce cas, les francs se trouveront dans les figures retranchées à gauche, et les centimes dans les deux premières figures qui seront placées après les francs ; les deux dernières forment des fractions de centime qui se négligent à cause de leur modicité.

Au surplus, la règle ci après démontre avec évidence ce qui est mentionné dans le paragraphe précédent.

AUTRE RÈGLE DE CENT.

On demande quelle est la valeur de 8 quintaux 33 livres à 4 fr. 44 c. le quintal.

Réponse : 36 fr. 98 c. 52/100, soit 13/25 de c.

Exemple.

Multiplicande . . 8 33 livres.
Multiplicateur, à 4f 44 c. le quintal.

33 32
3 33 2
33 32

Produit . . . 36f 98c 52

Pour opérer en cette règle, il faut joindre les livres aux quintaux, ce qui donne pour multiplicande 833 livres : vous joignez de même les centimes aux francs, ce qui donne pour multiplicateur 444. Vous multipliez ensuite ces deux termes l'un par l'autre, et vous obtenez pour résultat un produit de 36 fr. 98 c. 52/100, soit 13/25 de centime, valeur de 8 quintaux 33 livres à 4 fr. 44 centimes le quintal.

Dans cette règle, vous voyez que le multiplicateur se compose de francs et centimes ; conséquemment il a fallu retrancher 4 figures à droite pour distinguer les francs des centimes, comme il est expliqué au bas de la règle précédente ; ce qu'il faudra observer chaque fois que vous ferez une règle de l'espèce.

DIVISION, QUATRIÈME RÈGLE.

La division se compose de deux termes connus et d'un troisième inconnu que l'on cherche. L'un des deux termes connus s'appelle dividende ou somme à diviser, l'autre s'appelle diviseur; et le troisième, inconnu, qui résulte des deux premiers, s'appelle quotient.

Il faut partager 6846 fr. entre 5 personnes; combien revient-il à chacune ?

Réponse : 1369 fr. 20 c.

Exemple.

Dividende commun . . . . 6846 fr. . . . . 5 . . . . . diviseur.
Premier dividende partiel 18 1369 f. 20 c. quotient.
Deuxième dividende partiel 34 Preuve 6846 f. 00 c.
Troisième dividende partiel 46
Quatrième dividende partiel 100 c.
00

La division s'opère en posant la somme à diviser, soit le dividende, que j'appellerai dividende commun, parce que c'est par lui que se forme chaque dividende partiel; vous posez ensuite le diviseur sur la même ligne, et réservez une place sous le diviseur pour placer le quotient.

Pour diviser, vous regardez combien il faut de chiffres du dividende commun pour payer le diviseur; il n'en faut que 1, puisque 6 suffisent pour payer 5; ainsi, dites en 6 combien y a-t-il de fois 5, il y a 1 fois que vous posez sous le diviseur pour former le quotient; vous multipliez ensuite 1, premier chiffre du quotient, par le diviseur 5, pour voir ce qu'il reste de 6; ainsi dites 1 fois 5, de 6 reste 1 que vous posez dessous le 6; mais comme 1 ne peut payer 5, descendez le second chiffre du dividende commun qui est un 8 pour former le premier dividende partiel qui est de 18. Continuez à diviser et dites, en 18 combien de fois 5, il y a 3 fois que vous posez au quotient à la suite du chiffre 1 qui ne doit plus multiplier avec le diviseur que pour la preuve de cette règle. Il faut donc multiplier 3, second chiffre du quotient, par le diviseur, et dire 3 fois 5 font 15; de 18 il reste 3 qu'il faut poser sous 18. Comme 3 ne peuvent payer 5, il faut descendre le troisième chiffre du dividende commun qui est un 4, ce qui donne 34 pour deuxième dividende partiel. Continuez à diviser, et dites en 34, combien de fois 5, il y a 6 fois que vous posez au quotient à la suite du 3, qui ne doit plus multiplier avec le diviseur que pour la preuve de cette règle. Il faut donc multiplier 6, troisième chiffre du quotient, par le diviseur, et dire 5 fois 6 font 30, de 34 il reste 4 que vous posez sous 34; mais 4 ne pouvant payer 5, il faut descendre le quatrième chiffre du dividende commun qui est un 6, ce qui donne 46 pour troisième dividende partiel. Continuez la division, et dites en 46 combien de fois 5, il y a 9 fois que vous posez au quotient à la suite du 6, qui ne doit plus multiplier avec le diviseur que pour la preuve de cette règle. Il faut donc multiplier 9, quatrième chiffre du quotient, par le diviseur, et dire 5 fois 9 font 45, de 46 il reste 1 que vous posez sous 46. Comme 1 ne peut payer 5, et que tous les chiffres du dividende commun sont épuisés, il faut le réduire en centimes en le multipliant par 100, ou plutôt en y ajoutant deux 00, ce qui donne 100 c. car ce 1 restant indivisible est 1 fr. (puisque ce sont des francs que vous avez divisés,) qui vaut 100 c., qu'il faut diviser par 5 pour former les centimes du quotient. Ainsi dites en 10 combien y a-t-il de fois 5, il y a 2 fois que vous posez au quotient à la suite du 9, qui ne doit plus multiplier avec le diviseur que pour la preuve de cette règle. Il faut donc multiplier 2, cinquième chiffre du quotient, par le diviseur, et dire 2 fois 5 font 10, de 10 il ne reste rien; mais comme zéro ne peut payer 5, il faut descendre le dernier zéro de 100, et ce zéro, que vous venez de descendre, ne pouvant payer 5, il faut poser zéro au quotient après le 2.

Toutes les fois que vous descendrez une figure ou un zéro du dividende commun ou d'un dividende quelconque, et que le dividende partiel, à diviser, ne pourra payer le diviseur, il faudra poser zéro au quotient, soit dans les francs si vous divisez des francs, soit dans les centimes si vous divisez des centimes.

La division se proûve en multipliant le diviseur par le quotient. On ajoute ensuite les centimes indivisibles, s'il y en a, et le produit résultant de cette multiplication, doit égaler la somme à diviser, soit le dividende commun, pour que la règle soit juste.

L'exemple ci-devant en offre une preuve évidente.

AUTRE DIVISION.

Ayant 6868 fr. 44 c. à partager entre 5 personnes, on demande combien il revient à chacune. — Réponse : 1373 fr. 68 c. — *Exemple.*

Dividende commun	6868 f. 44 c.	5	diviseur.
	5	1373 f. 68 c.	quotient.
Premier dividende partiel . .	18	6868 f. 40 c.	
	15	on ajoute 4	indivisibles.
Deuxième dividende partiel .	36	Preuve 6868 f. 44 c.	
	35		
Troisième dividende partiel . .	18		
	15		
	300		
	44		
Quatrième dividende partiel . .	34		
	30		
Cinquième dividende partiel . . .	44		
	4		

Il reste 4 c. indivisibles qu'il faut ajouter à la preuve de cette règle.

Pour donner plus de facilité à diviser, je démontre par l'exemple ci-contre une méthode qui, quoique plus longue, sera mieux comprise par les commençans, qui pourraient être embarrassés pour diviser comme je l'ai fait dans la règle précédente, si le diviseur contenait plusieurs figures.

Pour opérer en cette règle, il faut voir combien de chiffres du dividende commun suffisent pour payer le diviseur; ici il n'en faut que 1 puisque 6 payent 5. Ainsi dites en 6 combien de fois 5, il y a 1 fois que posez sous le diviseur pour former le quotient, et le multipliez avec le diviseur en disant 1 fois 5 c'est 5 que vous posez sous le premier chiffre du dividende commun qui est un 6. Vous faites soustraction en disant qui de 6 ôte 5 reste 1. (Ce reste provenant de la soustraction ne doit jamais égaler le diviseur si vous avez bien opéré.) Mais comme 1 ne peut payer 5, il faut descendre 8 second chiffre du dividende commun, ce qui donne 18 pour premier dividende partiel. Continuez à diviser, et dites en 18 combien de fois 5, il y a 3 fois que vous posez au quotient à la suite du chiffre 1 qui ne doit plus multiplier avec le diviseur que pour la preuve de cette règle; vous dites donc 3 fois 5 font 15 que vous posez sous 18, premier dividende partiel; soustraisez en disant qui de 18 ôte 15 reste 3 que vous posez sous 15; mais 3 ne pouvant payer 5, il faut descendre 6 troisième figure du dividende commun, ce qui donne pour deuxième dividende partiel 36. Continuez à diviser, et dites en 36 combien y a-t-il de fois 5, il y a 7 fois que vous posez au quotient à la suite du chiffre 3, qui ne doit plus multiplier que pour la preuve de cette règle. Continuez la multiplication et dites 5 fois 7 font 35 que vous posez sous 36 et dites qui de 36 ôte 35 reste 1 qui ne pouvant payer 5, vous descendez 8, quatrième chiffre du dividende commun, ce qui donne 18 pour troisième dividende partiel. Vous dites donc en 18 combien de fois 5, il y a 3 fois que vous posez au quotient à la suite de 7 qui ne doit plus multiplier avec le diviseur que pour la preuve. Continuez la multiplication, et dites 3 fois 5 font 15 que vous posez sous 18, troisième dividende partiel. Dites ensuite qui de 18 ôte 15 reste 3 francs qu'il faut réduire en centimes en y ajoutant deux zéros, ce qui donne 300 centimes. Vous ajoutez toujours, après la réduction des francs restés indivisibles, les centimes qui figurent dans le dividende commun; par conséquent il faut ajouter 44 à 300, ce qui donne 344 pour quatrième dividende partiel qu'il faut diviser pour former les centimes du quotient. Ainsi dites en 34 (puisque ce nombre paye le diviseur,) combien de fois 5, il y a 6 fois que vous posez au quotient à la suite du chiffre 3. Multipliez 6 par le diviseur et dites 5 fois 6 font 30 que vous posez sous 34. Soustraisez, et dites qui de

34 ôte 30 reste 4 qui ne pouvant payer 5, il faut descendre le dernier chiffre de 344 qui est un 4, ce qui donne pour cinquième dividende partiel 44 qu'il faut diviser, en disant en 44 combien de fois 5, il y a 8 fois que vous posez au quotient avec lequel vous les multipliez, et dites 5 fois 8 font 40 que vous posez sous 44, cinquième dividende partiel. Soustraisez, et dites qui de 44 ôte 40 reste 4 c. indivisibles qu'il faudra ajouter à la preuve de cette règle qui se fait en multipliant le diviseur par le quotient; il faut que le produit qui résulte de cette multiplication égale le dividende commun, soit la somme à diviser, pour que la règle soit juste.

L'exemple que j'en ai donné ci-devant le démontre d'une manière évidente.

RÈGLE DE PROPORTION APPELÉE RÈGLE DE TROIS.

On l'appelle règle de proportion, à cause de la proportion qu'il doit y avoir entre les trois termes connus, dont elle se compose, et le quatrième terme inconnu que l'on cherche; c'est-à-dire que le premier terme doit être de même espèce et de même qualité que le troisième, et le deuxième terme avec le quatrième, qui est le quotient, doivent être de même espèce.

On l'appelle régle de trois à cause des trois termes connus dont elle se compose.

Il y a deux sortes de règle de proportion ou règle de trois, savoir : la règle de trois droite ou directe, et la règle de trois indirecte ou inverse.

La règle de trois droite ou directe pour plus donne plus, et pour moins elle donne moins.

La règle de trois indirecte ou inverse pour plus donne moins, et pour moins elle donne plus.

Je vais donner un exemple de la règle de trois droite ou directe.

1er *Terme.*	2e *Terme.*	3e *Terme.*
Si 444 aunes coûtent . . .	844 fr. . . .	combien 222 aunes.
	222	
	1688	
	1688	
	1688	
Dividende commun . .	187368 fr.	
1er dividende partiel. . .	976	
2e dividende partiel. . .	888	
	000	

444	diviseur.
422 fr. . .	quotient.
888	
888	
1776	
Preuve 187368 fr.	

Pour opérer en cette règle, il faut multiplier le 2e terme par le 3e, et diviser le produit en provenant par le 1er terme; par exemple vous voyez que le 2e terme de cette règle est de 844 fr. que vous multipliez par 222 qui est le 3e terme, ce qui donne un produit de 187,368 fr., et qui forme le dividende commun, que vous divisez ensuite par 444, 1er terme, qui devient le diviseur, sous lequel doit toujours se placer le quotient.

Pour diviser 187,368 fr. par 444, en suivant le mode d'opérer que je démontre pour la division page 42, les commençans pourraient être embarrassés; parce que le diviseur se compose de 3 figures, ce qui rend la division plus difficile; en conséquence, c'est pour faire parfaitement comprendre ce mode d'opérer, qui est beaucoup plus court que celui démontré par la division page 46, que je vais donner quelques explications à ce sujet.

La seule différence qui existe entre ces deux modes d'opérer, c'est que dans le premier, page 42, la soustraction se fait de mémoire et à l'inverse, puisque c'est la somme payée que vous faites parler la première, au fur et à mesure que le diviseur se multiplie par chaque figure du quotient.

Et dans le second, page 46, la soustraction ne s'opère que lorsque le produit, provenant de la multiplication du diviseur par chaque figure du quotient, se pose sous le dividende.

Pour diviser 187,368 par 444, voyez combien il faut de figures du dividende commun pour payer le diviseur. Il en faut 4, puisque 1873 payent 444. Pointez ces 4 figures pour soulager la mémoire, et voyez combien il en faut pour payer la première figure du diviseur qui se prend toujours à la gauche. Il en faut 2, puisque 18 payent 4. Ainsi dites en 18 combien de fois 4; il y a 4 fois qu'il faut poser sous le diviseur avec lequel vous multipliez en disant 4 fois 4 valent 16; pour aller à 23 il y a 7 que vous posez sous le 3, dernière figure de 1873, et retenez 2. Observez qu'il faut dire de 16 pour aller à 23; parce qu'on ne peut pas dire de 16 pour aller à 3 ou à 13, puisque chaque figure d'un dividende, et qui représente une somme due, doit nécessairement être d'une valeur plus élevée que la somme payée provenant de la multiplication du diviseur par chaque figure du quotient; par conséquent vous voyez qu'il faut continuer à donner à chaque figure du dividende, une valeur au-dessus du produit de la multiplication du diviseur par chaque figure du quotient; vous avez retenu 2 à 23, continuez la multiplication du diviseur par la première figure du quotient qui est 4, et dites 4 fois 4 valent 16 et 2 de retenus valent 18; pour aller à 27 il y a 9 qu'il faut poser sous le 7, troisième figure de 1873, et retenir 2. Observez encore qu'il faut dire de 18 pour aller à 27, parce qu'on ne peut pas dire de 18 pour aller à 7 ou à

17, comme je l'ai expliqué ci-derrière, puisqu'il faut donner à chaque figure du dividende une valeur au-dessus de celle du produit de la multiplication du diviseur par chaque figure du quotient; mais il faut remarquer que le restant, provenant de cette soustraction, ne doit jamais dépasser le nombre 9.

Vous avez retenu 2 à 27, continuez la multiplication du diviseur par la première figure du quotient qui est 4, et dites 4 fois 4 valent 16 et 2 de retenus valent 18; pour aller à 18 (qui ont été pris pour payer la première figure du diviseur) il reste zéro. Vous devez faire parler ensemble 18, deux premières figures de 1873, parce qu'elles payent juste le produit de la multiplication du diviseur par la première figure du quotient; de sorte que vous avez 97 pour restant de la soustraction que vous venez de faire; mais 97 ne pouvant payer 444, il faut descendre 6, cinquième figure du dividende commun; ce qui donne pour dividende partiel 976, qu'il faut diviser par 444. Vous dites donc en 9 combien de fois 4, il y a deux fois que vous posez sous le diviseur à la suite de 4, première figure du quotient, laquelle première figure ne doit plus multiplier avec le diviseur que pour la preuve de cette règle; ainsi des autres figures, une fois qu'elles ont multiplié avec le diviseur.

Vous multipliez donc 2 par 444, et dites 2 fois 4 font 8; pour aller à 16 il y a 8 que vous posez sous le 6, troisième figure du premier dividende partiel, et retenez 1; vous continuez à multiplier et dites 2 fois 4 font 8 et 1 de retenu valent 9; pour aller à 17 il y a 8 que vous posez sous le 7, deuxième figure du premier dividende partiel et retenez 1; multipliez encore, 2 fois 4 font 8 et 1 de retenu valent 9, pour aller à 9 il ne reste rien; en conséquence le restant de cette soustraction est de 88; mais ce nombre étant insuffisant pour payer 444, il faut descendre 8, dernière figure du dividende commun, ce qui donne pour deuxième dividende partiel 888 que vous divisez par 444, en disant en 8 combien de fois 4, il y a deux fois que vous posez sous le diviseur comme il est dit précédemment, et multipliez ensuite en disant 2 fois 4 font 8; pour aller à 8 il reste zéro que vous posez dessous 8, troisième figure du deuxième dividende partiel; vous continuez à multiplier, et dites 2 fois 4 font 8; pour aller à 8 il reste encore zéro que vous posez sous 8, deuxième figure du deuxième dividende partiel. Continuez à multiplier, et dites 2 fois 4 font 8; pour aller à 8 il reste zéro que vous posez sous 8, première figure du deuxième dividende partiel.

Par le résultat de cette règle, vous voyez que si 444 aunes coûtent 844 fr., 222 aunes coûteront 422 fr. qui forment le quotient, soit le quatrième terme (inconnu) de ladite règle.

Pour la preuve de cette règle, multipliez le

diviseur par le quotient, et le produit provenant de cette multiplication doit égaler la somme à diviser qui est le dividende commun. Lorsqu'il y a des centimes indivisibles, on les ajoute aux divers produits de la multiplication, comme le démontre la règle page 46.

Au surplus, vous voyez que la règle de trois, droite ou directe, pour plus donne plus, et pour moins elle donne moins; car plus il y a d'aunes, plus elles coûtent, et moins il y en a, moins elles coûtent.

AUTRE RÈGLE DE PROPORTION, OU RÈGLE DE TROIS DROITE OU DIRECTE.

1er *Terme.*	2e *Terme.*	3e *Terme.*
Numérateur 1/4 dénominateur.		Numérateur 3/6 dénominateur.
Si 28 aunes	coûtent 44 fr.,	combien 56 aunes.

Je l'ai dit pour la règle précédente « il faut que le 1er et le 3me termes soient de » même espèce et de même qualité, » etc.

Dans cette règle le 1er et le 3me termes ne sont pas de même espèce et de même qualité, puisque le dénominateur de la fraction du 1er terme partage l'aune en quatre parties, et le dénominateur de la fraction du 3me terme la partage en six parties; conséquemment, pour pouvoir opérer en cette règle, il faut donner à chacune de ces fractions un dénominateur commun; ce qui se fait en supposant un nombre sur lequel ces fractions puissent se prendre sans reste. La règle, page 18, vous en donne un exemple suffisant; néanmoins je vais le répéter ici :

Supposez le nombre.		24
La fraction du 1er terme est de. .	1/4 ou	6/24
Celle du 3me est de.	3/6 ou	12/24

Maintenant le produit de ces deux fractions doit être pris sur 24 sans reste. Ainsi commencez par la première fraction qui est un quart, et dites le quart de 24 est de 6 que vous posez sous 24 et sur la même ligne du quart.

Passez à la deuxième fraction, qui est trois sixièmes, et dites le sixième de 24 est de 4; or les 3/6 sont donc de 12, que vous posez comme il est expliqué pour la première fraction; de sorte que la fraction de 1/4 ayant produit 6, ce nombre doit être le numérateur de la fraction représentant le quart, et le nombre 24 supposé doit être pris pour le dénominateur de ladite fraction qui sera de 6/24, et qui doit donner le même résultat; car 6 est à 24 ce que 1 est à 4; c'est-à-dire que 6 forment le quart de 24 comme 1 le quart de 4.

Par la même raison 3/6 ayant produit 12, ce nombre doit être le numérateur de la fraction représentant 3/6, et le nombre 24 supposé doit être pris pour le dénominateur de ladite fraction qui sera de 12/24. Ces deux fractions doivent donner les mêmes résultats; car 12 sont à 24 ce que 3 sont à 6, c'est-à-dire la moitié.

Actuellement il faut reposer les trois termes de cette règle, puisque les fractions du 1er et du 3me termes ont été changées pour pouvoir opérer; par conséquent la fraction du 1er terme sera de 6/24, et celle du 3e terme sera de 12/24.

1er *Terme.*	2e *Terme.*	3e *Terme.*
Si 28 aunes 6/24 coûtent	44 fr.,	combien . . . 56 aunes 12/24.
24	1 356	24
118	5 424	236
56	54 24	112
678	dividende commun 59,664	1356
	dividende partiel 5 424	678 diviseur.
	000	88 fr. quotient.
		5 424
		54 24
		Preuve 59,664

Maintenant que le 1er terme et le 3e sont de même espèce et de même qualité, vous pouvez opérer.

Le 3e terme doit aussi être de même espèce que le 4e terme inconnu que l'on cherche; c'est-à-dire que si le 2e terme se compose de francs, vous devez trouver des francs au 4e terme.

Pour opérer en cette régle, il faut réduire les aunes en les multipliant par 24 dénominateur de la fraction, et ajouter son numérateur.

Commençez par le 1er terme qui est de 28 aunes 6/24. Posez 24, dénominateur de la fraction, sous 28 et multipliez en disant 4 fois 8 font 32 et 6, numérateur de ladite fraction, font 38, il faut poser 8 et retenir 3; dites ensuite 2 fois 4 font 8 et 3 de retenus font 11 que vous posez. Le chiffre 4 ayant multiplié, passez au chiffre 2, et dites 2 fois 8 font 16, posez 6 et retenez 1; dites ensuite 2 fois 2 font 4 et 1 de retenu font 5 que vous posez. Additionnez, ce qui donne un total de 678: qui sont autant de vingt-quatrièmes d'aune; ce dernier nombre devient le diviseur.

Passez au 3e terme qui est de 56 aunes 12/24. Faites-en la réduction comme pour le 1er terme; c'est-à-dire multipliez 56 par 24 dénominateur de la fraction, et ajoutez-y son numérateur qui est 12, ce qui donne un produit de 1356 vingt-quatrièmes d'aune.

Multipliez ensuite le 2e terme par le 3e, c'est-à-dire 44 par 1356; ce qui donne un produit de

59,664, qu'il faut diviser par 678 produit du 1er terme réduit qui devient le diviseur.

Commencez la division et voyez combien il faut de figures du dividende commun pour payer le diviseur ; il en faut 4 puisque 5966 payent 678. Pointez ces quatre figures pour soulager la mémoire, prenez-en 2 pour payer 6, première figure du diviseur, et dites en 59 combien de fois 6, il y a 8 fois que vous posez au quotient sous le diviseur avec lequel vous multipliez en disant 8 fois 8 font 64; pour aller à 66, il y a 2 qu'il faut poser sous le 6 dernière figure de 5966. Vous retenez 6 sur 66 et continuez la multiplication en disant 7 fois 8 font 56 et 6 de retenus font 62; pour aller à 66, il y a 4 qu'il faut poser sous le 6, troisième figure de 5966, et retenir 6. Continuez à multiplier, et dites 6 fois 8 font 48 et 6 de retenus font 54; pour aller à 59, il y a 5 que vous posez sous le 9 deuxième figure de 5966; le restant de cette soustraction est de 542 qui ne peuvent payer 678; il faut donc descendre 4, cinquième ou derniere figure du dividende commun, ce qui donne 5424 pour dividende partiel qu'il faut diviser par 678, en disant en 54 combien de fois 6, il y a 8 fois que vous posez sous le diviseur avec lequel vous multipliez, en disant 8 fois 8 font 64. Pour aller à 64, c'est zéro que vous posez sous la dernière figure du dividende partiel, et retenez 6; continuez à multiplier, et dites 7 fois 8 font 56 et 6 font 62; pour aller à 62, c'est zéro que vous posez sous la troisième figure du dividende partiel et retenez 6. Continuez à multiplier, et dites 6 fois 8 font 48 et 6 de retenus font 54, pour aller à 54 c'est encore zéro ; conséquemment il ne reste plus rien à diviser.

Après division faite, vous voyez par cette règle, que si 28 aunes 6/24 soit 678 vingt-quatrièmes d'aune, coûtent 44 fr., 56 aunes 12/24, soit 1356 vingt-quatrièmes d'aune coûteront 88 fr. ; conséquemment la règle de trois droite ou directe pour plus donne plus, et pour moins elle donne moins ; car plus il y aura d'aunes, plus elles coûteront, et moins il y en aura, moins elles coûteront.

OBSERVATIONS SUR LA RÈGLE DE TROIS.

Lorsque la règle de trois contiendra des fractions dans le 1er et dans le 3e termes, et que le dénominateur de ces fractions sera le même, il faudra réduire chaque terme par le dénominateur de la fraction qui en fera partie, en y ajoutant son numérateur. Cette réduction se fait par la multiplication du terme avec le dénominateur de sa fraction. Voyez en l'exemple dans la règle page 59.

Lorsque les 1er et 2e termes contiendront des fractions qui n'auront pas le même dénominateur, il faudra leur donner un dénominateur commun, pour pouvoir faire la réduction des deux termes. Voyez en l'exemple page 57 et la suivante.

Et si le cas se présentait qu'il n'y eût qu'un des deux termes (1er et 3e) qui contienne une fraction, la réduction de ces deux termes devrait s'opérer par la multiplication du dénominateur de la fraction qui figurerait, avec cette différence seulement qu'il faudrait ajouter aux produits de la multiplication du terme qui contiendrait la fraction, son numérateur.

RÈGLE DE TROIS INDIRECTE OU INVERSE.

Je l'ai dit précédemment, la règle de trois indirecte ou inverse pour plus donne moins, et pour moins elle donne plus.

Il faut remarquer, dans cette règle, que c'est le 1er terme qui se multiplie par le 2e, et que le produit provenant de cette multiplication, se divise par le 3e terme qui devient le diviseur.

Exemple.

1er *Terme.* 2e *Terme.* 3e *Terme.*

Si 444 hommes ont des vivres pour 6 mois, pour combien de tems en auront 888 hommes.

```
   6
------
2664 à diviser par . . . . . . . . . . 888 diviseur.
 000                                     3 quotient.
                                      ------
                               Preuve 2664
```

Pour opérer en cette règle, il faut multiplier le 1er terme par le 2e et diviser le produit en provenant par le 3e terme; par exemple vous voyez que le 1er terme est de 444 que vous multipliez par 6 qui est le 2e terme, ce qui donne un produit de 2664 qui forme le dividende commun et que vous divisez ensuite par 888, 3e terme, qui devient le diviseur sous lequel se place le quotient.

Pour diviser il faut voir combien de figures du dividende commun suffisent pour payer le diviseur. Vous voyez qu'il en faut 4, qui composent ledit dividende; ainsi dites en 26 combien y a-t-il de fois 8, il y a 3 fois que vous posez sous le diviseur avec lequel vous multipliez, en disant 3 fois 8 font 24; pour aller à 24 c'est zéro que vous posez sous le 4, dernière figure du dividende commun, et retenez 2. Continuez la multiplication et dites 3 fois 8 font 24 et 2 de retenus font 26; pour aller à 26 c'est zéro que vous posez sous le 6 troisième figure du dividende commun et retenez 2. Continuez la multiplication, et dites 3 fois 8 font 24 et 2 de retenus font 26; pour aller à 26 c'est zéro que vous posez sous 26.

La preuve de cette règle se fait comme pour la règle de trois droite ou directe, en multipliant le diviseur par le quotient.

Vous voyez par cet exemple, que si 444 hommes ont des vivres pour 6 mois, 888 hommes n'en auront que pour 3; conséquemment cette règle pour plus donne moins et pour moins elle donne plus; car moins il y aura d'hommes, plus de tems les vivres dureront, et plus il y aura d'hommes, moins de temps les vivres dureront.

RÈGLE DE SOCIÉTÉ VULGAIREMENT APPELÉE RÈGLE DE COMPAGNIE.

Trois personnes se sont associées et ont gagné une somme de 600 fr.

La 1re a mis dans la société 200 fr. pour 6 mois.
La 2e y a mis. . . . . . . 200 fr. pour 3 mois.
Et la 3e y a mis . . . . 200 fr. pour 2 mois.

Combien revient-il à chacune à proportion de la somme mise en commerce et du temps resté dans la société ?

Réponse :	Pour le 1er associé. . .	327 fr.	27 c.
	Pour le 2e associé. . .	163	63
	Pour le 3e associé. . .	109	09
Il faut ajouter 1 centime resté indivisible dans les 3 règles			01
Somme égale à celle gagnée par les associés		600 fr.	»

Pour opérer en cette règle, il faut multiplier la somme mise dans la société par chaque associé, par le tems qu'il a resté dans ladite société ; par exemple, le 1er associé a mis 200 fr. pour 6 mois, multipliez 200 par 6, ce qui donne 1200 pour le 1er associé.

Passez au 2e associé qui a mis 200 fr. pour 3 mois, multipliez de même 200 par 3, ce qui donne 600 pour le 2e associé.

Passez enfin au 3e associé qui a mis 200 fr. pour 2 mois, multipliez 200 par 2, ce qui donne 400 pour le 3e associé.

Maintenant vous réunissez les produits de ces trois multiplications, savoir :

Pour le 1er associé	1200
Pour le 2e associé	600
Et pour le 3e associé	400
Total	2200

Cette règle se pose comme la règle de trois; c'est-à-dire, que ce total de 2200 devient le dividende commun, soit le 1er terme. La somme gagnée par les associés, et qui est de 600 fr., forme le 2e terme; et le produit qui provient de la multiplication de la somme mise en commerce par chaque associé par le tems qu'il a resté dans la société, forme le 3e terme; par exemple, le 1er associé a mis 200 fr. pour 6 mois. Après avoir multiplié 200 par 6, vous avez un produit de 1200. C'est ce produit de 1200 qui forme le 3e terme pour la règle du 1er associé.

Pour la règle du 2e associé, on opère de la même manière pour former le 3e terme de ladite règle; c'est à-dire qu'il faut multiplier la somme mise en commerce par ce 2e associé, par le tems qu'il a resté dans la société; par conséquent il a mis 200 fr. pour 3 mois, multipliez 200 par 3, ce qui donne un produit de 600 qui forme le 3e terme pour la règle du 2e associé.

Enfin, vous opérez de même pour former le 3e terme de la règle du 3e associé, en multipliant la somme qu'il a mise en commerce, par le tems qu'il a resté dans la société; conséquemment il a mis 200 fr. pour 2 mois, multipliez 200 par 2, ce qui donne un produit de 400 qui forme le 3e terme pour la règle du 3e associé.

Il faut observer que les deux premiers termes restent invariables pour opérer dans les trois règles; ainsi vous aurez toujours dans chaque règle à faire; savoir : 2200 pour 1er terme et 600 pour 2e terme.

Exemple.

1re RÈGLE POUR LE 1er ASSOCIÉ.

1er *Terme.*	2e *Terme.*	3e *Terme.*
Si 2200 gagnent	600, combien gagneront .	1200.
	1200	
Dividende commun.	720000	
1er dividende partiel.	6000	2200 diviseur.
2e dividende partiel.	16000	327^f^ 27 quotient.
3e dividende partiel.	60000	65454 00
4e dividende partiel.	16000	65454
Il faudra ajouter à la preuve	600^c^ ind.	On ajoute 6 00^c^ indivisibles.
	Preuve . .	720,000,00

Pour opérer en cette règle, il faut multiplier le 2e terme par le 3e, et diviser le produit en provenant par le 1er terme; par exemple vous voyez que le 2e terme de ladite règle est de 600 qu'il faut multiplier par 1200 qui est le 3e terme, ce qui donne un produit de 720,000 qui devient le dividende commun et qu'il faut diviser par 2200, 1er terme, qui devient le diviseur, sous lequel se place le quotient qui forme la somme revenant au 1er associé pour sa part du gain fait dans la société.

Pour commencer la division, il faut voir combien il faut de chiffres du dividende commun pour payer le diviseur. Il en faut 4, puisque 7200 suffisent pour payer 2200; en conséquence dites en 7 combien de fois 2, il y a trois fois que vous posez sous le diviseur avec lequel vous multipliez en disant 3 fois zéro; pour aller à zéro c'est zéro que vous posez sous le dernier zéro de 7200. Continuez la multiplication et dites 3 fois zéro; pour aller à zéro, c'est zéro que vous posez sous le zéro qui suit la deuxième figure du dividende commun. Vous continuez à multiplier en disant 2 fois 3 font 6; pour aller à 12, il y a 6 que vous posez sous la deuxième figure du dividende commun qui est un 2, et retenez 1. Vous multipliez encore en disant 2 fois 3 font 6, et un de retenu font 7; pour aller à 7 il ne reste rien; de sorte que vous avez pour restant de cette soustraction 600 qui ne peuvent payer 2200; il faut donc descendre l'avant-dernier zéro du dividende commun, ce qui donne pour 1er dividende partiel 6000 qu'il faut diviser par 2200, diviseur. Ainsi dites en 6 combien de fois 2; il y a deux fois que vous posez sous le diviseur avec lequel vous multipliez en disant 2 fois zéro, de zéro c'est zéro que vous posez sous le dernier zéro du 1er dividende partiel. Vous continuez à multiplier en disant 2 fois zéro; de zéro c'est zéro que vous posez sous l'avant-dernier zéro du 1er dividende partiel. Continuez la multiplication, et dites 2 fois 2 font 4; pour aller à 10 il y a 6 que vous posez sous le zéro qui suit la première figure du 1er dividende partiel, et vous retenez 1. Continuez à multiplier et dites 2 fois 2 font 4 et un de retenu font 5; pour aller à 6, il y a 1 que vous posez sous le 6, première figure du 1er dividende partiel, ce qui donne pour restant de cette soustraction 1600 qui ne peuvent payer 2200; il faut donc descendre le dernier zéro du dividende commun, ce qui donne 16000 pour 2e dividende partiel, et qu'il faut diviser par 2200, en disant en 16 combien de fois 2; il y a 7 fois que vous posez sous le diviseur avec lequel vous multipliez en disant 7 fois zéro; de zéro c'est zéro que vous posez sous le dernier zéro du 2e dividende partiel. Vous continuez à multiplier et dites 7 fois zéro; de zéro c'est zéro que vous posez sous l'avant-dernier zéro du 2e dividende partiel. Continuez la multiplication et dites 2 fois 7 font 14; pour aller à 20 il y a 6 que vous posez sous le zéro qui suit la deuxième figure du 2e. dividende partiel, et retenez 2. Vous multipliez encore, 2 fois 7 font 14 et 2 de retenus font 16; pour aller à 16 il ne reste rien. Vous avez pour restant de cette soustraction 600 fr. qui ne peuvent payer 2200; conséquemment il faut les réduire en centimes, puisque le dividende commun est épuisé. Pour réduire les francs en centimes, il faut les multiplier par 100 (car 1 fr. vaut 100 c.), ou plutôt y ajouter 2 zéros, ce qui donne le même résultat; ainsi en réduisant 600 fr. en centimes, ils vous donnent 60,000 c. qu'il faut diviser par 2200 pour former les centimes du quotient; divisez et dites (4 figures du 3e dividende partiel suffisant pour payer le diviseur), en 6 combien de fois 2; il y a deux fois qu'il faut poser au quotient sous le diviseur avec lequel vous multipliez, et dites 2 fois zéro; de zéro c'est zéro que vous posez sous l'avant-dernier zéro du 3e dividende partiel. Continuez à multiplier et dites 2 fois zéro ; de zéro c'est zéro que vous posez sous le deuxième zéro qui suit la première figure du 3e dividende partiel. Continuez la multiplication et dites 2 fois 2 font 4; pour aller à 10 il y a 6 que vous posez sous le zéro qui suit la première figure du 3e dividende partiel, et vous retenez 1. Continuez à multiplier et dites 2 fois 2 font 4, et 1 de retenu font 5; pour aller à 6, il y a 1 que vous posez sous la première figure du 3e dividende partiel, qui est 6.

Vous avez pour restant de cette soustraction 1600 qui ne peuvent payer 2200 ; par conséquent il faut descendre le dernier zéro du 3e dividende partiel, ce qui donne pour 4e dividende partiel 16,000 qu'il faut diviser par 2200, en disant en 16 combien de fois 2 ; il y a sept fois que vous posez sous le diviseur avec lequel vous multipliez, et dites 7 fois zéro, de zéro c'est zéro que vous posez sous le dernier zéro du 4e dividende partiel. Continuez à multiplier et dites 7 fois zéro, de zéro c'est zéro que vous posez sous l'avant-dernier zéro du 4e dividende partiel. Vous continuez la multiplication et dites 2 fois 7 font 14 ; pour aller à 20 il y a 6 que vous posez sous le zéro qui suit la deuxième figure du 4e dividende partiel, et retenez 2. Continuez à multiplier et dites 2 fois 7 font 14, et 2 de retenus font 16, pour aller à 16 il ne reste rien. Vous avez pour restant de cette soustraction 600 centimes indivisibles qu'il faudra ajouter à la preuve de cette règle qui s'opère comme pour les règles précédentes, en multipliant le diviseur par le quotient.

Il résulte de cette 1re règle que le 1er associé a, pour sa part du gain fait dans la société, une somme de 327 fr. 27 c., et qui figure au quotient de ladite règle.

2me RÈGLE POUR LE 2me ASSOCIÉ.

1er *Terme.* 2e *Terme.* 3e *Terme.*

Si 2200 gagnent . . . . . 600, combien gagneront . . 600.

600

Dividende commun. 360000

1er dividende partiel . . . . 14000 — 2200 diviseur.

2e dividende partiel . . . . 8000 — 163^{f}63^{c} quotient.

3e dividende partiel . . . . 140000 — 32726 00

4e dividende partiel . . . . 8000 — 32726

Il faudra ajouter à la preuve 1400^{c} ind. On ajoute 14 00^{c} indivisibles.

Preuve . . 360,000,00

Pour opérer en cette règle, il faut multiplier le 2e terme par le 3e, et diviser le produit en provenant par le 1er terme; par exemple vous voyez que le 2e terme de ladite règle est de 600, qu'il faut multiplier par 600, qui est le 3e terme; ce qui donne un produit de 360,000, qui devient le dividende commun, et qu'il faut diviser par 2200, 1er terme, qui devient le diviseur sous lequel se place le quotient qui forme la somme revenant au 2e associé pour sa part du gain fait dans la société.

Il reste à diviser le dividende commun de cette règle, et qui est de 360,000, par le diviseur qui est de 2200. Pour diviser il faut voir combien de figures du dividende commun suffisent pour payer le diviseur. Vous voyez qu'il en faut 4, puisque 3600 payent 2200; ainsi dites en 3 combien de fois 2; il y a une fois que vous posez sous le diviseur pour former le quotient, etc. On continue la division.

Il est très-inutile de répéter ici comment s'opère la division, puisque je l'ai démontré précédemment au bas de toutes les règles contenues dans ce traité, page 42 et suivantes; que je le démontre encore dans la 1re règle concernant le 1er associé, et que d'ailleurs les personnes qui seront parvenues à apprendre les règles précédentes jusques à celle-ci, doivent parfaitement connaître la division; en conséquence, après avoir opéré pour cette règle, vous voyez qu'il revient au 2e associé, pour sa part du gain fait dans la société, une somme de 163 fr. 63 c. qui figure au quotient de ladite règle.

3me RÈGLE POUR LE 3me ASSOCIÉ.

1er *Terme.* 2e *Terme.* 3e *Terme.*

Si 2200 gagnent . . . . . 600, combien gagneront . . 400.

400

Dividende commun. . . . . 240000 — 2200 diviseur.

1er dividende partiel . . . . 20000 — 109f 09c quotient.

2e dividende partiel . . . . 20000 — 21818 00

Il faudra ajouter à la preuve 200c indiv. 21818

On ajoute . 2 00c indivisibles.

Preuve . . 240,000,00

Pour opérer en cette règle, il faut multiplier le 2e terme par le 3e, et diviser le produit en provenant par le 1er terme; par exemple, vous voyez que le 2e terme de ladite règle est de 600, qu'il faut multiplier par 400 qui est le 3e terme; ce qui donne un produit de 240,000, qui devient le dividende commun, et qu'il faut diviser par 2200, 1er terme, qui devient le diviseur sous lequel se place le quotient qui forme la somme revenant au 3e associé pour sa part du gain fait dans la société.

Il reste donc à diviser 240,000, dividende commun, par 2200, diviseur.

Pour diviser, il faut voir combien de figures du dividende commun suffisent pour payer le diviseur. Vous voyez qu'il en faut 4, puisque 2400 payent 2200. Ainsi dites en 2 combien de fois 2; il y a 1 fois que vous posez sous le diviseur pour former le quotient, etc. On continue la division.

L'observation contenue dans le troisième *alinéa* de la page 75, est applicable à cette règle.

En effet il n'y a pas de doute que les personnes qui seront parvenues à apprendre les règles précédentes doivent savoir diviser; conséquemment après avoir opéré la division du dividende commun par le diviseur, vous voyez qu'il revient au 3e associé, pour sa part du gain fait dans la société, une somme de 109 fr. 09 c., et qui figure au quotient de ladite règle.

La preuve de la règle de compagnie se fait en

réunissant ce qui revient à chaque associé pour sa part du gain fait dans la société, et y ajoutant les quantités restées indivisibles dans chaque règle, parce qu'elles sont des fractions de centime qui, réunies, doivent former le centime manquant qui a été ajouté pour parfaire la somme de 600 fr. dans l'addition du gain fait par chaque associé, page 66.

Il faut que le total de l'addition des sommes gagnées par les trois associés, soit égal à la somme gagnée par eux dans la société.

Exemple.

Vous voyez par la règle du 1er associé qu'il a gagné 327 fr. 27 c., et qu'il y a 600 c. restés indivisibles, ci	327 fr.	27 c.	600/2200
Vous voyez également, par la règle du 2e associé, qu'il a gagné 163 fr. 63 c., et qu'il y a 1400 c. restés indivisibles, ci.	163	63	1400/2200
Et enfin, vous voyez par la règle du 3e associé, qu'il a gagné 109 fr. 09 c., et qu'il y a 200 c. restés indivisibles, ci	109	09	200/2200
Somme égale à celle gagnée en commerce	600 fr.	00 c.	"

Il faut observer que ces fractions de centime restées indivisibles, sont autant de numérateurs des fractions qui ont pour dénominateur commun 2200 ; parce que ce nombre, qui figure dans les trois règles pour le 1er terme, devient toujours le diviseur dans la règle de trois droite ou directe, ou dans la règle de compagnie, et que c'est le diviseur qui doit être pris pour dénominateur de la fraction, dans le cas où il y a des restes indivisibles qui forment le numérateur de ladite fraction, puisque c'est par lui que s'opère toute espèce de division.

Il faut commencer par additionner les numérateurs des fractions de centime, retenir 1 toutes les fois qu'il y aura 2200, dénominateur commun de ces fractions, et poser le restant sous lesdits numérateurs; le dénominateur ne varie pas: d'ailleurs la page 17 et suivante contient des explications très-claires pour l'addition des fractions qui ont un même dénominateur; de sorte que cette addition donnant 600 fr., somme égale à celle gagnée par la société, c'est une preuve que la règle est juste.

OBSERVATIONS SUR LES FRACTIONS.

La partie des fractions est la branche la plus difficile de l'arithmétique ; elle embrasse généralement toutes les règles, puisqu'elle peut s'étendre sur toute espèce de calcul ; mais peu de personnes la connaissent parfaitement ; parce que peu de professeurs la démontrent dans toute sa perfection avec pureté. En conséquence, comme je n'ai pas dû donner plus d'extension aux explications qui se trouvent développées au bas de chaque règle contenant des fractions, pour ne pas embarrasser les jeunes gens en leur présentant plusieurs objets à la fois, que j'ai toujours cherché au contraire à mesurer leurs forces en les amenant par degré au point qui leur convenait, je vais donner ici de plus amples détails à ce sujet.

Les fractions embarrassent le plus souvent dans la troisième règle, qui est la multiplication ; conséquemment il faut observer que pour prendre le produit d'une fraction, vous devez regarder si elle fait partie du multiplicande ou du multiplicateur de ladite règle. Si elle fait partie du multiplicande, son produit doit se prendre sur le multiplicateur; si au contraire elle fait partie du multiplicateur, son produit doit être pris sur le multiplicande.

Pour prendre le produit d'une fraction sur une somme ou une quantité quelconque, il faut regarder combien de fois le numérateur est contenu dans le dénominateur sans reste; c'est-à-dire qu'il faut que le numérateur, pris en entier ou en partie, partage sans reste le dénominateur; par exemple, je suppose avoir pour fraction 1/4, vous devez voir que le numérateur 1 est contenu 4 fois, sans reste, dans le dénominateur 4; or 1 formant le quart de 4, il faudrait prendre le quart pour cette fraction.

Je suppose avoir pour fraction 2/4, soit 1/2, vous voyez que chaque numérateur de ces deux fractions est contenu 2 fois dans son dénominateur respectif, puisque (pour la 1re) 2 fois 2 font 4, et (pour la 2e) que 2 fois 1 font 2; c'est-à-dire que pour 2/4, soit 1/2, il faudrait prendre la moitié, parce que 2 sont à 4 comme 1 est à 2.

Je suppose avoir pour fraction 3/4, vous voyez ici que le numérateur 3 est contenu 1 fois dans le dénominateur 4, et qu'il reste 1; or dès qu'il y a un reste, il faut chercher un autre nombre dans celui du numérateur qui partage sans reste le dénominateur. Vous voyez, par exemple, que

2 forment, sans reste, la moitié du dénominateur 4; il faudrait donc prendre pour 2/4 la moitié. N'ayant pris que 2/4 sur 3/4, il reste 1/4 de cette dernière fraction; ainsi, comme 1 forme le quart de 4, il faudrait prendre pour 1/4 le quart sur la somme ou quantité où vous auriez pris le produit de 2/4; de sorte que pour 3/4, il faudrait prendre pour 2/4 la moitié, et pour 1/4 le quart.

Les fractions dont le dénominateur est impair, comme 3, 5, 7, 9, 11, 13, 15, 17, 19, 21, 23, etc.; c'est-à-dire qui ne contient pas une ou plusieurs paires, comme 2, 4, 6, 8, 10, 12, 14, 16, 18, 20, 22, 24, etc.; ces fractions, dis-je, qui ont pour dénominateur un nombre impair, sont beaucoup plus embarrassantes que les précédentes, en ce que ce dénominateur ne présente pas la même facilité pour être partagé sans reste par le numérateur, ce qui donne plus d'étendue à la règle qui contient des fractions de l'espèce; on est donc obligé de poser sur plusieurs lignes le produit desdites fractions; néanmoins, selon sa construction, on peut changer le numérateur et le dénominateur d'une fraction, dont le dénominateur est impair, en multipliant les 2 nombres qui la composent, et obtenir par ce moyen un résultat moins étendu. Voyez le premier *alinéa* et suivans, pages 86 et 87.

Il faut supposer avoir pour fraction 2/5. Vous

voyez que le numérateur 2 est contenu 2 fois dans le dénominateur 5, et qu'il reste 1 ; ainsi il faut chercher un autre nombre dans celui du numérateur qui partage sans reste le dénominateur; le nombre 1, par exemple, partage sans reste le dénominateur 5, puisqu'il en forme le cinquième. Il faudroit donc prendre pour 1/5 le cinquième, et pour le cinquième qui reste de 2/5, poser le même produit obtenu pour le premier cinquième; c'est-à-dire que pour 2/5 il faudrait prendre 2 fois le cinquième, que vous poseriez sur 2 lignes dans la règle dont cette fraction ferait partie.

Il faut supposer avoir pour fraction 3/6. Vous voyez que le numérateur forme la moitié du dénominateur, puisque 3 est la moitié de 6. Il faudrait donc prendre pour 3/6 la moitié.

Il faut supposer avoir pour fraction 7/24. Voyez combien de fois le numérateur est contenu dans le dénominateur sans reste. On voit ici qu'il y est contenu 3 fois, et qu'il reste 3. Cherchez un autre nombre dans le numérateur qui partage sans reste le dénominateur; 6, par exemple, est contenu 4 fois dans 24; il faudrait donc prendre pour 6/24 le quart, puisque 6 est le quart de 24. N'ayant pris que 6/24 sur 7/24, il reste 1/24 pour lequel il faudrait prendre le vingt-quatrième, puisque 1 est contenu 24 fois dans le dénominateur; de sorte que pour 7/24 on prendrait pour 6/24 le quart, et pour 1/24 le vingt-quatrième;

mais comme cette dernière fraction, ou une autre de l'espèce, pourrait embarrasser des jeunes gens qui commencent, il faut observer à ce sujet que si le numérateur d'une fraction se divise en plusieurs parties comme dans 7/24, le produit des parties restantes de la fraction doit être pris sur le produit déjà obtenu pour les premières parties.

Exemple.

Je suppose avoir pour fraction 7/24e. J'ai dit précédemment qu'il fallait prendre pour 6/24e le quart; parce que 6 formait le quart de 24. Il reste 1/24e pour lequel on peut prendre le sixième du produit obtenu pour 6/24e, ce qui est beaucoup plus facile et moins long que comme je le démontre dans le dernier *alinéa* de la page précédente.

Les détails que je viens de donner doivent être suffisans pour faire comprendre aux jeunes gens comment se prend le produit d'une fraction. Au reste dans le cas où ils en auraient besoin, et pour leur donner des idées plus lumineuses s'il est possible, ils peuvent consulter les explications les plus détaillées qui sont développées ci-après, page 88 et suivantes.

Enfin, il me reste à démontrer comment s'opère la réduction d'une fraction, sans qu'elle change de valeur.

Pour opérer la réduction d'une fraction, c'est-à-dire pour diminuer les deux nombres qui la composent, il faut prendre sur le numérateur et le dénominateur, la moitié, le tiers, le quart, etc., selon le point auquel vous voulez la réduire.

Exemple.

Je suppose avoir à réduire 4/24e, pour donner à cette fraction un plus petit dénominateur, afin de faciliter les jeunes gens à en prendre le produit; il ne faut que prendre la moitié du numérateur 4, qui est de 2, et la moitié du dénominateur 24, qui est de 12, ce qui donne pour fraction réduite 2/12, qui donneraient le même résultat, puisque 2 sont à 12, ce que 4 sont à 24; c'est-à-dire que 2 forment le sixième de 12, comme 4 le sixième de 24.

Si au contraire on désirait donner plus d'extension à une fraction pour faciliter à en prendre le produit, il faudrait opérer en sens inverse; c'est-à-dire, qu'il faudrait multiplier le numérateur et le dénominateur par 2, 3, 4, etc. jusqu'au point désiré.

Exemple.

Je suppose avoir pour fraction 4/24, pour lui donner plus d'extension, c'est-à-dire pour augmenter les deux nombres qui la composent, il faut commencer par le numérateur et le multiplier par 2, en disant 2 fois 4 font 8. Vous passez ensuite au dénominateur que vous multipliez aussi par 2 en disant 2 fois 24 font 48, ce qui donne 8/48 pour fraction représentant 4/24; par conséquent ces deux fractions doivent donner le même résultat; car 4 sont à 24, ce que 8 sont à 48; c'est-à-dire le sixième.

TABLE DES FRACTIONS,

POUR FACILITER LES JEUNES GENS A EN PRENDRE LE PRODUIT SUR UNE SOMME OU UNE QUANTITÉ QUELCONQUE.

Je l'ai dit précédemment (cette règle est générale pour ce qui concerne la multiplication), il faut voir si la fraction fait partie du multiplicande ou du multiplicateur. Si elle fait partie du multiplicande, son produit doit être pris sur le multiplicateur. Si au contraire elle fait partie du multiplicateur, son produit doit être pris sur le multiplicande.

Dans l'un et l'autre cas il faut prendre, savoir :

Pour 1/12, le douzième.

Pour 2/12, le sixième.

Pour 3/12, le quart.

Pour 4/12, le tiers.

Pour 5/12, prenez pour 4-12 le tiers, et pour 1/12, le quart sur le produit de 4/12.

Pour 6/12, la moitié.

Pour 7/12 prenez pour 6/12 la moitié, et pour 1/12, le sixième sur le produit de 6/12.

Pour 8/12 prenez deux fois le tiers.

Pour 9/12 prenez pour 6/12 la moitié, et pour 3/12, la moitié sur le produit de 6/12.

Pour 10/12 prenez pour 6/12 la moitié, et pour 4/12, le tiers.

Pour 11/12 prenez pour 8/12 deux fois le tiers, et pour 3/12, le quart.

Pour 1/11, le onzième.

Pour 2/11, deux fois le onzième.

Pour 3/11, trois fois le onzième.

Pour 4/11, quatre fois le onzième; ainsi de suite pour cette fraction.

Pour 1/10, le dixième.

Pour 2/10, le cinquième.

Pour 3/10 prenez pour 2/10 le cinquième, et pour 1/10, la moitié sur le produit de 2/10.

Pour 4/10 prenez deux fois le cinquième.

Pour 5/10 prenez la moitié.

Pour 6/10 prenez pour 5/10 la moitié, et pour 1/10 le cinquième sur le produit de 5/10.

Pour 7/10 prenez pour 5/10 la moitié, et pour 2/10, le cinquième.

Pour 8/10 prenez pour 5/10 la moitié, pour 2/10, le cinquième, et pour 1/10, la moitié sur le produit de 2/10.

Pour 9/10 prenez pour 5/10 la moitié, et pour 4/10, deux fois le cinquième.

Pour 1/9, le neuvième.

Pour 2/9, deux fois le neuvième.

Pour 3/9, le tiers.

Pour 4/9 prenez pour 3/9 le tiers, et pour 1/9, le tiers sur le produit de 3/9.

Pour 5/9 prenez pour 3/9 le tiers, et pour 2/9, deux fois le tiers sur le produit de 3/9.

Pour 6/9 prenez deux fois le tiers.

Pour 7/9 prenez pour 6/9 deux fois le tiers, et pour 1/9 prenez le neuvième.

Pour 8/9 prenez pour 6/9 deux fois le tiers, et pour 2/9 prenez deux fois le neuvième.

Pour 1/8, le huitième.

Pour 2/8, le quart.

Pour 3/8 prenez pour 2/8 le quart, et pour 1/8, la moitié sur le produit de 2/8.

Pour 4/8, la moitié.

Pour 5/8 prenez pour 4/8 la moitié, et pour 1/8, le quart sur le produit de 4/8.

Pour 6/8 prenez pour 4/8 la moitié, et pour 2/8, la moitié sur le produit de 4/8.

Pour 7/8 prenez pour 4/8 la moitié, pour 2/8, la moitié sur le produit de 4/8, et pour 1/8, la moitié sur le produit de 2/8.

Pour 1/7 prenez le septième.

Pour 2/7, deux fois le septième.

Pour 3/7, trois fois le septième.

Pour 4/7, quatre fois le septième; ainsi de suite pour cette fraction.

Pour 1/6, le sixième.

Pour 2/6, le tiers.

Pour 3/6, la moitié.

Pour 4/6, deux fois le tiers.

Pour 5/6 prenez pour 3/6 la moitié, et pour 2/5, le tiers.

Pour 1/5, le cinquième.

Pour 2/5, deux fois le cinquième.

Pour 3/5, trois fois le cinquième.

Pour 4/5, quatre fois le cinquième; ainsi de suite pour cette fraction.

Pour 1/4, le quart.

Pour 2/4, la moitié, comme on prend aussi la moitié pour 1/2 fraction égale à 2/4.

Pour 3/4 prenez pour 2/4 la moitié, et pour 1/4, la moitié du produit de 2/4.

TABLE

POUR FACILITER LES JEUNES GENS QUI COMMENCENT A OPÉRER DANS LA RÈGLE D'INTÉRÊT.

Il faut remarquer que dans la règle d'intérêt, c'est le produit de la multiplication de la somme mise en intérêt, par le taux de l'intérêt, qui sert de base pour trouver l'intérêt que l'on cherche; car ce produit représente toujours le montant de l'intérêt d'une année. Voyez la règle page 37; le produit de l'intérêt d'une année, soit de 12 mois, est de 38 fr. 17 c. 76/100, soit 19/25 de centime. On demande l'intérêt de 6 mois; par conséquent 6 étant la moitié de 12, il faut prendre pour 6 mois la moitié du produit de 12 mois; ainsi on doit prendre sur le total de l'addition des produits de la multiplication, savoir :

Pour 1 mois, le douzième.

Pour 2 mois, le sixième.

Pour 3 mois, le quart.

Pour 4 mois, le tiers.

Pour 5 mois prenez pour 4 mois le tiers, et pour 1 mois le douzième.

Pour 6 mois, la moitié.

Pour 7 mois prenez pour 6 mois la moitié, et pour 1 mois le douzième.

Pour 8 mois, deux fois le tiers.

Pour 9 mois prenez pour 6 mois la moitié, et pour 3 mois le quart.

Pour 10 mois prenez pour 6 mois la moitié, et pour 4 mois le tiers.

Pour 11 mois prenez pour 6 mois la moitié, pour 3 mois le quart, et pour 2 mois le sixième.

FIN.

N. B. Chaque exemplaire sera revêtu de ma signature, et tout contrefacteur poursuivi comme tel devant les tribunaux, aux termes de la loi du 19 juillet 1793.

On devra toujours s'assurer si elle est conforme à celle ci-après.

www.ingramcontent.com/pod-product-compliance
Lightning Source LLC
LaVergne TN
LVHW050423160826
845677LV00002BA/502